Les retrouvailles de Lyam et de Liam

Je m'appelle Liam, et ma sœur s'appelle Lyam. Nos parents ont eu la bonne idée de nous appeler phonétiquement pareil. Ce n'était pas très pratique. D'autant plus qu'on était jumelles. Nous avons eu une jeunesse fortement agréable. Quoi que, mon père fut alcoolique.

Lyam et moi adorions faire de la corde a sauter. Que de bon souvenir ! Nous aimions jouer à la poupée aussi. Nous leurs collions de la pâte a modelé marron dans leurs culottes et nous disions que Barbie avait fait dans sa culotte.

Lyam aimait les énigmes. Je me rappelle qu'elle m'avait proposé ceci :
- Les lettres de chaque ligne ont été choisies en fonction d'un certain système. Il faut découvrir ce système afin de compléter les 3 espaces libres à la fin de chaque ligne.

```
1    A B C E F G J K L P _ _ _ _
2    B C D A E F G B H I J C _ _ _ _
3    C B A E D H G F J I _ _ _ _
```

4   B C D E H G F I J K L O N M _ _
_ _ _ _ _

Parfois, le dimanche, nous faisions des ballades en forêt. Il y avait des parcours. C'était excellent. Une fois ma sœur était tombée. Elle s'était fracturé l'avant bras. De la voir souffrir m'avais fait pleurer. Il y avait du sang, quelle horreur ! Il fallut l'emmener à l'hôpital. Elle mit un mois à se remettre de ses émotions. Pour ma part, j'avais déjà vu du sang à la télévision, mais la réalité sanguinolente m'avait perturbée. Dès lors, ma sœur et moi refusions d'aller nous promener en forêt. Je faisais des cauchemars à propos de l'accident. Ma sœur avait beau avoir été la victime, elle n'en dormait pas moins bien qu'avant. Mais moi...

Mes parents, à cette époque là, étaient très amoureux. Ils n'arrêtaient pas de s'embrasser sur la bouche et de se passer les mains aux fesses, comme à la télé. Mon père me disait tout le temps : « Ce qui m'enivre plus que le vin que je bois, c'est l'amour que j'ai pour ta mère. et je l'aime autant pour ses qualités que pour ses défauts. ».

Au fils du temps leurs relation se dégrada. Ils en finirent par se haïr. Je me rappellerais toujours de ce vendredi là. Qu'en rentrant des cours, ma sœur et moi avions trouvé le cadavre de ma mère planté par un couteau et le cadavre de mon père pendu par sa ceinture. Ils avaient dû se disputer. Mon père a dû regretter son acte et a dû se donner la mort après.

Nous fûmes placées toutes les deux dans des familles d'accueil, dans des villes différentes. Nous avions douze ans.

J'étais dans la famille ALbiertia. Il y avait monsieur Albiertia, madame Albiertia, que j'appellais toujours par le plus grand respect, les vouvoyant…-c'était la moindre des choses, il m'avaient évité l'orphelinat- le fils Albiertia, Charles, la fille Albietia, Vanessa et le chien dalmatien, Dégage. Les enfants avaient à peu près mon âge. Les parents, la quarantaine.

Je ne savais pas ce qu'était devenu ma sœur.

Vanessa et moi-même nous entendions moyennement bien. Je voyais qu'elle me considérait avec commisération. Ses parents lui avaient sûrement expliqué que ma vie fut-elle, si l'on puis dire ainsi…chaotique !

Pendant la première année où l'on s'est découvert, Vanessa m'apprit à danser la salsa. Moi, je lui appris la guitare.

Charles était un garçon blond, qui avait beaucoup de charme, qui faisait de la boxe. Lorsque qu'il mettait son marcel, je fantasmais. Il passait son temps à faire soit de la musculation, pour être plus performant en boxe, soit de l'ordinateur. On s'entendait plutôt pas mal. Il m'enseigna comment jouer à des jeux de rôle sur son engin si complexe d'après le peu de temps que j'avais touché un ordinateur.

Il jouait aussi aux jeux de rôle sur plateau qui était drôle comme l'indique son nom. Le principe était qu'il y avait un maître du jeu qui racontait une histoire participative pour les autres joueurs.

Je me rappellerais pour l'éternité d'une partie qu'il avait créa. A savoir que l'origine du monde était faite par les titans qui avaient créé la race humaine et qu'ils avaient disposé des sources de magie à droite à gauche et que seul les initiés pouvait contrôler pour contrôler les folies meurtrière des humains. Les initiés devaient répondre à des énigmes de genre : Le grand-père est deux fois plus âgé que le père, et le père est quatre fois plus vieux que Xavier. Le grand-père, le père et Xavier ont ensemble 104 ans. Quel est l'âge de Xavier, de son père et de son grand-père ? Un jour, l'un des titans tomba amoureux d'une humaine, qu'il engendra pour qu'elle devienne titan ou titane -je ne sais guère comment cela se prononces, pas même Charles- .La phénoménologie humaine est chaotique. Par conséquent, l'ancienne humaine répandit le chaos, devenant incontrôlable. Sachant qu'elle était immortelle, comme tous les titans, ainsi que puissante car la haine est souvent plus forte que l'amour. Elle ouvrit les portes cosmiques, là ou il y avait les esprits malins. Ces dernières vinrent corrompre le cœur des humains, entraînant de multiples guerres. La titane fut enfermée dans une autre galaxie, d'où elle aurait du mal à revenir. Mais le mal était déjà fait.

Charles m'apprit par ailleurs à me défendre.

Ses parents me traitaient comme une reine. Me faisant à manger, en m'encourageant dans mes études…

Quatre ans plus tard, les choses entre Vanessa et moi s'étaient arrangées. Nous parlions tout le temps et sans cesse de garçons. Je lui présentais le copain de mon copain, ou bien l'inverse. Nous étions très mignonnes. Nous lancions donc des offensives drague à gogo. Nous étions réputée coquines par tout le lycée.

Vanessa était dans une filière de littérature, moi dans une filière scientifique. Je lui demandais à quoi cela sert de lire, il y a les films, en plus il y a des images en même temps que l'histoire. Elle me répliquait que l'on s'imagine ses propres personnages et que donc, on s'appropriait l'image contrairement à l'image toute faite, ou l'imagination n'intervient pas. Cela entraîne parfois, lorsque l'on voit des orcs en film, une contrariété car on les imaginait tels que l'on les voulait.

je lui transmis un goût prononcé pour les énigmes bien qu'elles furent illogiques. Un jour je proposai ceci :

0923+X=0938,
0938+X=0953
0953+X=1008
1008+X=1023

C'est l'heure de trouver le nombre intemporel,
À lui seul il permet d'aller au delà du temps,
Ce nombre intemporel est unique, il n'y en a qu'un
Que l'omission ne trouble guère votre pensée
Que la logique puisse vous permettre de le trouver
Que puissent vous aider ces quelques lettres

Six seaux sont disposés sur une ligne. Les trois

premiers sont remplis d'eau, les trois derniers sont vides. Comment peut-on, en ne touchant qu'un seul seau, obtenir une alternance de seaux pleins et de seaux vides ?

Elle aimait y réfléchir tout compte fait, bien qu'elle ne soit pas spécialement logique.

A partir du moment où mes seins avaient doublés de volume et que mes fesses s'étaient arrondies, Charles me regardait différemment.

Lyam avait l'intention de le séduire, quoi que fut-il déjà attiré par elle. Vanesse était contente. En revanche Monsieur et Madame était contre notre relation. Ils savaient combien de mecs étaient sortis d'une relation dépressive à cause de leur fille et moi, alors se méfiaient. Ils voulaient tout simplement protéger celui qu'ils dénommaient « petit garçon ».

Pourtant, nous étions amoureux. Nous nous voyions en cachette.

A mes dix huit ans, je partis dans une ville plus grande.

Un jour j'ai reçu une lettre de menace. Comme quoi je devais cinq cent mille euro. Inquiétant ! Qu'avais-je fais ? On a dû se tromper sur la personne me disais-je. Cela me rassurait.

Je commençais tout juste à oublier Charles que je rencontrai un homme du nom de Vincent dans un bar où je n'avais pas l'habitude d'aller. Hasard…coïncidence.

Cette soirée fut particulièrement arrosée. Le lendemain, je me rappelais tout juste du début de la nuit.

Je le vis un jour après, car j'avais la gueule de bois. Il m'avoua que je l'avais soumis à une énigme qu'il avait bien appréciée, chose dont je me rappelais. Mais lorsqu'il m'a dit que je lui avais fait la plus belle déclaration du monde, je ne m'en souvenais pas. Il m'a dit qu'hier notre ballade sur le pont lui avait plu et qu'il adorait mon humour. Je ne m'en rappelais pas. Je croyais pourtant avoir bien dormi … Il devait y avoir des restes d'alcool dans mon métabolisme.

Notre histoire continua. Par contre, j'avais des troubles de mémoire. C'était probablement du au coup que j'avais reçu dans la tête en tombant ivre morte, qu'il m'avait relaté.

Je n'avais pas de ses nouvelles depuis une semaine, alors je l'appelai. Il me traita de péripatéticienne et me raccrocha au nez. J'étais presque autant amoureuse de lui que je ne l'étais de Charles. Ceci me déchira le cœur.

Je me rendis compte trop tard que j'étais enceinte de lui. Alors j'essayai de lui retéléphoner. Il décrochait puis raccrochait. J'ai été chez lui. Il avait déménagé.

Je dus me retreindre à avoir un gamin toute seule. Je retournai de ce fait chez la famille Albiertia. J'appréhendais leurs réactions. Pourtant, ils le prirent avec joie. Charles ne me cacha pas sa jalousie, bien qu'elle s'estompa fort vite. Charles et moi nous remettions en couple pour élever mon enfant autant que possible se peut. Je lui promis que l'on aurait un enfant bientôt.

On m'envoya une lettre anonyme disant que l'on capturerait mon enfant si je ne leurs donnais pas leur argent.

Charles et moi nous inquiétions énormément. Qui aurait bien pu me vouloir de l'argent ?

J'ai eu un colis avec un doigt dedans. Il était écrit: « Si tu ne te décide pas a nous payer tu auras le corps qui va avec le doigt. » Un psychopathe schizophrène me courrait après et m'espionnait manifestement.

Je retrouvai ma sœur toquant à la porte de la maison des Albiertia. Elle avait un doigt en moins. Elle avait l'air de ne pas avoir dormi depuis des jours. Elle cria « Il en veulent à notre argent! Le problème, c'est qu'on n'en a pas! Pourquoi nous? Je ne sais pas! » Elle me narra son évasion.

La mort de mes parents était peut-être liée. Il fallait mener une enquête. Armés d'un taser et d'une bombe lacrymogène, Vanessa, Charles, Lyam et moi partîmes à la recherche de la vérité.

On lui envoya un SMS lui disant que si elle parvenait à répondre a tout ses jeux de logique, il annulerait toute mes dettes. Par contre il fallait toutes les retrouver en heure donnée pour chacune d'entre elles.

Elle reçu ceci :

Un nombre est formé de trois chiffres : Les trois chiffres additionnés donnent 18. Le premier chiffre est la moitié du deuxième et le tiers du troisième. Quel est ce nombre ?

Le chien est plus vieux que le chat et le chat est plus jeune que le perroquet, qui est lui même plus vieux que le chien. Quel animal est le plus vieux ?

Imaginez-vous que vous soyez le conducteur d'un des chars qui participaient à une course pour les Jeux olympiques, en 704 avant Jésus-Christ.
Le char est tiré par deux chevaux qui pèsent respectivement 195 et 210 kilos.
La vitesse moyenne de votre char est de 58 km/h.
Quel est l'âge du conducteur ?

Du premier coup, il aurait été bien difficile de trouver sans réfléchir. Vanessa avec son esprit littéraire eu du mal. Charles répondit à la première question à savoir trois cent soixante neuf. Je m'occupai des dernières réponses qui étaient respectivement :

- Le perroquet.
- Le votre car c'est vous qui conduisez.

Le preneur d'otage m'envoya un texto de félicitation. Il était écrit qu'il adorait les mathématiques, la logique. Ainsi les vrais intellectuelles, selon lui, donc à l'esprit cartésien avait-ils eux seuls de survivre. Par déduction on pouvait supposé qu'il ne supportait pas les littéraires et les philosophes.

Je me souvenais de quelques énigmes qui ont

animé mon passé et ma vie.

```
3    A B C E F G J K L P _ _ _ _
4    B C D A E F G B H I J C _ _ _ _
3    C B A E D H G F J I _ _ _ _
4    B C D E H G F I J K L O N M _ _
_ _ _ _ _

5    A B C E F G J K L P Q R W X
6    B C D A E F G B H I J C K L M D
3    C B A E D H G F J I M L K P O
4    B C D E H G F I J K L O N M P
Q R S V U T
```

Le grand-père est deux fois plus âgé que le père, et le père est quatre fois plus vieux que Xavier. Le grand-père, le père et Xavier ont ensemble 104 ans. Quel est l'âge de Xavier, de son père et de son grand-père ? Jérôme

il a 8 ans, le père en a 32 et le grand-père 64 pardi.

0923+X=0938,
0938+X=0953
0953+X=1008
1008+X=1023

La réponse est quinze heures car l'omission c'est le h d'heure.

Six seaux sont disposés sur une ligne. Les trois premiers sont remplis d'eau, les trois dernier sont vides. Comment peut-on, en ne touchant qu'un seul seau, obtenir une alternance de seaux pleins et de seaux vides ?

En vidant le deuxième dans le 5e

Je pris des nouvelles de la vie de ma sœur. Après tout ce temps. Elle était dans une bourgeoisie. C'est vrai qu'elle avait l'air un peu hautaine. L'homme de la famille vendait des sandwichs indiens. Cela rapportait. Il n'était pas vendeur, mais plutôt gestionnaire. Il avait plusieurs magasins indiens. La dame de la maison ne faisait rien – elle n'en avait pas besoin. Ils n'avaient pas d'enfant.

Elle n'avait qu'un seul grand amour du nom de Vincent qu'elle trompa.

Je lui demandai de suite si il était blond aux yeux bleus et habitait dans le quartier. Je l'interrogeai : « A-t-il quitté son domicile il y a peut de temps ?». Elle opina.

C'est alors que je compris qu'il y eut quiproquo. Tout s'expliquait. On essaya de faire un profil de notre psychopathe qui avait coupé le doigt de ma sœur. Il aimait la logique plus que tout au monde qu'il trouvait suprême en matière d'intelligence. Il était peut-être mathématicien, ou maître de conférence. Charles supposa qu'il était éventuellement trader. Nous restâmes sur cette dernière suggestion.

Lyam présupposa que son tortionnaire avait prêté de l'argent à ses parents.

On me dépêcha un autre SMS.

Pouvez-vous former une croix avec seulement une allumette, sans la couper en deux ?

Charles au bout d'une demi heure se restreignit à dire que c'était impossible. Cinq minutes avant l'heure de rendre la réponde, j'eus une illumination. : oui, en la brûlant et en dessinant une croix avec le bout noir.

De quelle façon peut-on obtenir 100 en utilisant que 6 chiffres identiques et 2 opérations?
: 99 + 99/99

Notre psychopathe m'a écrit que j'avais relevé tous ces défis avec succès et qu'il annulerait ma dette.

Nous pouvions poursuivre notre vie tranquillement. J'avais un famille, la logique donc l'intelligence donc la capacité de me tirer de toutes situations. Nous ne connaîtrions pas le visage de ce psychopathe, finalement.

Les réflexions de Maheva

Si triste, elle était, et colérique de plus en plus elle devenait
Par la haine elle a été prise
Par la douleur elle a été surprise
Ils s'étaient fâchés
Ils ne pouvaient dorénavant plus se supporter
L'amour de l'amour par amour
La haine de l'amour par amour
Voila où ils en étaient

De l'avoir giflé elle se souvenait
Elle était si forte que sa main l'avait brûlée
Comment peut on mépriser quelqu'un au point de vouloir sa mort
Alors qu'un instant auparavant ils s'aimaient à en mourir

Vive l'amitié !
Tous les amis qu'ils avaient, quand ils étaient un couple se sont tournés vers Jimmy.
Maheva restait seule
Elle n'avait pas beaucoup d'amis
Pourquoi l'amitié qui semblait jusque là être un pacte à vie, pouvait elle ainsi se défaire ?
Pouvait elle vivre sans amour, sans proche, sans famille –car elle résidait loin ?
Les moines du haut de leur montagne solitaire, y arrivaient bien eux

Pouvait elle faire comme eux? Telle était la question de Maheva.

En tout état de cause, se venger elle voulait. Oui, cela elle le voulait. C'est ce qui lui redonnera un sens à sa vie.
Comment le pilier de certaines relations sociales peut n'être que vengeance. Car, elle vivait pour cela. Elle voulait le faire rompre avec sa nouvelle femme. Elle lui laisserait des lettres anonymes prouvant que Jimmy est un mauvais mari.

Vingt ans de mariage, c'est ce qu'ils avaient réussi à vivre. Elle a quarante ans et la vie marquée par la douleur et le travail. Elle travaillait dans une poissonnerie, elle vidait les poissons.
N'avait-elle pas du mérite? Elle sentait le poisson à longueur de ces moments ou elle ne travaillait guère ; du coup personne ne voulait s'en approcher. Mais pour nourrir sa famille – son mari ne travaillant pas, non pas par incapacité, cela dit plutôt par fainéantise – elle le devait.

Elle aurait tant voulu un enfant, mais son mari lui avait expliqué qu'il était trop jeune, et au fil du temps il lui disait qu'il était trop vieux.

Et maintenant, qui lui tiendra chaud dans son lit les longues nuits d'hivers. Les pieds chauds, Jimmy les avait et ce pour caresser ses fines jambes gelées, et, les mains chaudes, il les avait pour toucher du bout de ses doigts ses seins glacées.

Qu'allait-elle devenir? Mystère.

Devait-elle lui pardonner de lui avoir voler tout son argent – motif de leur rupture – car le pardon est divin. Fondamentalement, il doit être basé sur la méritocratie du fautif, et le respect mutuel. N'est-il pas? Peut- être pas.

Est-ce que l'intentionnalité peut suffire à expliquer l'action humaine ou bien faut-il aussi tenir compte de phénomènes causaux? Vient de la cause même son action humaine, certes. Mais ne faut il pas donc dire que son intention aurait pu l'amener à ne pas rompre avec lui?

L'intention de cette demoiselle était justifiée, n'est-ce pas?

La cause de l'ennui était claire pour elle dans sa dépression. Il lui fallait rencontrer des gens intéressants. Ils lui feront sûrement oublier son envie de vengeance. Peut-être même qu'elle fera une nouvelle rencontre.

Elle était très belle pour son age, avait un sourire triste en permanence, et une posture défaitiste. Si elle voulait conquérir le monde, toute autre allure il lui faudrait.

Doit-elle utiliser la potentialité maximum de tout son être?
Oui, probablement. Il lui faudrait pour mieux analyser tout cela affronter ses démons intérieurs.

Quels étaient ses démons intérieurs? L'inconnu, sûrement.
L'inconnu pouvait la séduire, ou lui faire peur.
Peur, mais pourquoi?
Son avenir, on le souhaite toujours meilleur. C'est la possibilité que notre avenir soit pire qui nous effraie. Justement, « Cela met du piment dans nos vies. », s'interrogeait-elle. Des échecs nous en tirons des leçons. Après, on peu avancer. Pourtant elle ne s'était jamais sentie aussi mal dans sa vie.

Pourquoi n'achèterait-elle pas des serpents pour faire peur à tout les gens? Les adultes, comme les enfants. la reconnaîtrait-on au moins pour quelque chose?

Ça, le besoin de reconnaissance, c'est la principale demande de tout individu. Certains faisaient de la danse, d'autres était comiques, certains étaient menuisiers. Le constater dans le travail était une certaine réalité. La reconnaissance c'est ce qui nous qualifie, n'est-il pas?

Il lui fallait une philosophie de vivre tout autre. Ainsi décida-t-elle d'aller dans un café philosophique. Là bas elle fit la rencontre de Georges. Il avait les yeux gris, des cheveux blancs, un visage très carré et masculin, il avait bien soixante ans. Que de charme il avait. De leur présentation, de leur contacte visuelle, de leur attirance mutuelle, est née plus qu'une profonde amitié.

Il disait souvent : « Suis-je dans un rêve où toi Maheva tu existes ou dans la réalité, ce qui serait une terrible chance pour moi ?»

« Nos sentiments, expliquait –il, se conçoivent en toute logique par le ressenti de l'amour-amitié et la haine-souffrance- c'est un accord implicite impliqué entre deux parties, une dichotomie, une ambivalence, une dualité. »

Maheva comprenait désormais, grâce a Georges, écrivain philosophique, que la logique philosophie était une réflexion, et non une théorie, ou un délire qui n'avance à rien. La théorie pouvant être réfutée, invalidée ou testée.

Etait – ce le destin, la chance ou le hasard. Ne devait-on donc pas croire au destin? Si destin il y a, il n'y a plus de libre arbitre. Ne pourrait-on pas envisager les deux ensembles, de manière complétive. Non, si. Au point d'avoir une migraine, Maheva s'était la tête prise.

Georges a tout simplement répondu à ses questions : « Vis non seulement au jour le jour, et prévois des éventualités d'un futur proche possible. Avoir des objectifs faits en avance, non ? »

La vertu, oui c'est ce qu'il fallait acquérir. Georges lui avait expliqué que la vertu n'avait de sens que si l'on pouvait faire l'hypothèse d'une ontologie médiatrice. Ne pouvait – on pas dire que la science n'était liée ou non au bien. La vertu n'est probablement pas une science. la vertu étant trop subjective, elle est le conditionnement de mœurs, d'éducation, de valeur, même de jugement de valeur.

Un autre problème se posait, dans la mesure où les économies n'étaient plus ce qu'elles étaient. Et oui, Georges ne travaillait plus, et le maigre salaire de Maheva ne leur permettait pas de subvenir à leurs besoins. Dut-elle faire des heures supplémentaires de ce phénomène là.

Ils devaient faire attention à la scientificité des sciences sociales qui ne sont pas cognitives. Car, dans leur recherche d'un mieux être économique, les sciences économiques et sociales s'avéraient nécessaires.

Georges avait présenté beaucoup d'amis à Maheva. Pourtant elle se sentait seule, si seule. Elle ne comprenait pas. Si vide était son regard, si dure était sa voix, si brutaux étaient ses gestes.

Maheva héroïne devenir elle voulait. Tant de choses restaient à faire en ce monde. Gratifiant était ce qu'elle voulait faire. Ceci lui aurait permis de retrouver confiance en elle. La bravoure, le courage, le sacrifice pour une noble cause, l'attiraient.

En réalité, ce qu'il lui plaisait c'était la gloire. Ainsi décida-t-elle de devenir pompier. Le truisme fut-il, soit-il, est un danger qui n'est pas quelque chose de tutélaire.

Mais elle tomba bien vite dans une autre dépression due a la pression, à l'indignation, au sentiment de persécution que représentait le métier.

Dès lors, il n'y avait que l'imagination qui pouvait la sauver. Georges restant dans l'incapacité totale de l'aider. S'adonnait-elle donc à l'imagination reproductrice. Des souvenirs figés, extirpés de la mémoire photographique avec Jimmy la hantait d'ailleurs autant même que ceux qui la comblaient. Viendra ensuite l'imagination créatrice, provenant de la divagation de l'être.

Elle s'imaginait riche, navigant d'île en île, ile ou il y aurait la paix. Là bas, tout les monde serait heureux. La trahison, le vol, la violence… s'avérant inexistants.

Elaborait-elle donc des images qui n'existent que dans sa tête, les images étant crées de toute pièce. Aucun sens ne pouvait le concevoir.

L'irréelle est corrélative de l'imagination.

Désormais elle comprenait la puissance de l'imagination :
- Le pouvoir de fuir la réalité (la déréalisation laisse place à la liberté).
- Le pouvoir annonciateur, qui permet d'appréhender le futur.
- Le pouvoir d'appréhender la réalité, de produire des illusions, des rêves.

Voila ce qu'elle avait appris.

Dieu, que la conscience imageante est belle. Bellissime, elle est.

L'imagination précède l'acte.

Sa manière de répandre sa vision de l'amour elle concevait. A savoir que l'homme est un animal, et les animaux créent, élèvent, et se séparent. Pourquoi ne pas l'appliquer à l'homme.

Se faisait-elle des illusions, l'illusion étant la satisfaction du désir. Et de désir elle ne manquait pas.

Journaliste désirait t'elle devenir, pour faire vivre son désir... de désir... de changer la vision du monde.

Autonome, c'est ce qu'il faut être en amour. Dans la vie quotidienne, il faut être autonome. Dans le travail, il faut être autonome. Dans l'amitié, il faut être autonome. Dans la vie, il faut être autonome.

Une thèse elle en fit, elle le présenta dans un journal, chose qui fut acceptée. La valeur sur a priori était soit, encore aurait-il fallu connaître ses capacités.

Posa t-elle le problème de l'ignorance de l'homme, dans son second article :
- L'homme a beau vivre, il ne sait guère ce qu'est la vie.
- Il a beau penser, il ne sait guère ce qu'est l'esprit.
- Il a beau exister dans le monde, il ne sait guère d'où vient le monde.
- Il naît et meurt sans s'en rendre compte.

Parlait-elle de la beauté de la démonstration ? A savoir, que, la démonstration est un système hypothético-déductif qui anticipe par tautologie.

Le problème qu'elle souleva par la suite, est :
- faut –il chercher à tout démontrer ?

La problématique sous entend qu'il faut avoir au préalable des théorèmes, des arguments plus que solides. Sachant que chercher est synonyme d'incertitude dans le cas présent.

D'autres choses également. Ne faut – il pas douter de la morale. Différente elle est, selon les coutumes, les mœurs, les pays.

Aussi fit-elle, l'éloge de l'intelligence. Cela donnait à peu près, voire même totalement ceci :
Intelligence

Brille, brille, brille dans leurs yeux. Mais qu'est-ce ? L'intelligence pardi. Mouvement et énergie elle est. Elle relate à la conscience ce qui est de la perception. On ne peut ni la nier, ni l'affirmer, elle n'est rien, mais elle est tout. Tout ce qui nous permet de nous situer par rapport à l'altérité. Nous ne la voyons pas. Cela dit, c'est ce qui nous permet de mettre en relation, cordonner, établir quelque chose à partir des fragments de ce que l'expérience sensorielle nous permet d'entrevoir. C'est la correspondance de ce qui nous entoure.

Je perds contrôle, tu perds contrôle, ils perdent contrôlent. L'intelligence consiste à accepter que nous n'ayons pas le contrôle sur tout. S'il pleut, je n'y peux rien.

Elle calcule. Ce qui se passe, elle l'enregistre. Ce qui en découle c'est l'interprétation. Je ressens une goutte de pluie sur la peau. Instantanément mon intelligence me dit qu'il pleut.

Le mental lié à l'intelligence est comparatif. En effet, si je suis mouillé par la pluie, c'est que je ne suis pas sec.

L'intelligence, c'est l'aptitude à comprendre et à lier les entités distinctes entre elles. L'humain vit de l'intelligence conceptuelle, indissociable du langage, est tel et restera tel quel. Il en découle le raisonnement.

Georges, de langue, lui parla : « Prison de l'esprit, le langage est. Ce n'est pas le langage qui permet d'accéder au réel, mais le réalité qui nous donne les mots, lui répliqua t-elle. Car l'esprit de mots est formé. »

Se mit-elle, à écrire la controverse de différentes théories sur le langage. Puisque son absence remet à la présence, le l'intemporel dans le temporel, l'irréel dans le réel, le surnaturel dans ce que l'on peut appeler, le naturel. Précisa t-elle que c'était que lorsque que l'on avait prononcé, que l'on sait ce à quoi dans sa chaotique tête on se référait.

Se demanda t-elle si sa destiné qui était si fructueuse à son aboutissement- à savoir, le journalisme - inéluctable. Georges était-il fataliste. Quand à elle, elle était plus dans le déterministe. En bon fataliste, si l'on se conditionne, arrive t-on au même but à atteindre sans le moindre effort. Donc, on peut, dans ce cas là, rester sans rien faire. Ne rien faire peut être dans ma destiné. En bon déterministe, nous pourrions nous avancer sur cette pente d'ambiguïté, à savoir que chacun des mêmes gestes sont contrôlés par moi-même et que les buts que j'atteins sont dus au fruit de hasard. Pas question d'horoscope, de voyance… dans ce cas de figure.

Il y a la propriété des choses aussi sur laquelle faut-il également se questionner : les accidents. Au substrat s'oppose-t-il. Le substrat est une chose en elle-même. L'accident étant la propriété des choses. Les choses avait-elle lu, la compréhension de bonheur matérialiste elle jugeait. Elle jugea, oui, à quoi servent toutes ces choses. Le bonheur passerait-il plutôt par la communication? Le social et la psychologie avant toute chose. La richesse n'est autre qu'un moyen d'accéder au bonheur. Car elle n'était pas bien riche. Cela dit, elle pouvait aller au cinéma quand elle le voulait. Par contre elle n'allait que très rarement au restaurant. Donc le manque de richesse est relié à la frustration. Mais, son métier la rendait-elle heureuse. C'est l'intérêt principal. Et son homme, Georges, qui l'attendait préparant de bons repas et des nuits d'amour à n'en plus finir la produisait-il d'elle, une femme heureuse.

A Maheva, il demanda s'il fallait choisir le bonheur plutôt que la vérité. Elle savait que sa vie fut telle et que son bonheur fut tel. La vérité exista t-elle ne l'enchantait pas. Son passé trop malheureux était-il.

En revanche, Georges préférait en bon philosophe le vérité au bonheur.

Et George avait la vérité sur le monde, il était initié. Le Big Crunch lié au Big Bang, la théorie des cordes et des supercordes. Tout ceci prenait naissance à partir d'un substrat suprême :
- Ce substrat est le tout
- Il est le néant
- Il est rien car nous ne sommes rien
- Il cochère tout cela
- Il a toujours été et sera toujours – l'éternité est un concept transcendantal qui dépasse l'homme non initié
- iI n'y a jamais de création de matière
- L'esprit est une matière que l'on n'a pas encore découverte
- Cette matière vient du tout, c'est un fragment du tout
- Les nde, et les yogis, les bouddhistes ou autres ont déjà fait des voyages astraux d'après ce qu'il disent, du moins, si cela est vrai, ceci corrobore la phénoménologie de l'esprit
- L'hypnose notamment régressive corrobore la théorie de l'esprit puisque les sujets décrivent en transe profonde des événements vécus dont il n'avait conscience dans l'histoire dans toute sa splendeur ; il retrouve par la suite que

l'histoire racontée avait réellement existé.

Selon Maheva, il y avait des questions universelles. Ainsi décida-t-elle de faire une rubrique sur tout ceci.
- Le bonheur est-il universel? Non, car chacun trouve son bonheur en fonction de sa personnalité.
- Les naissances du monde cosmologie et cosmogonie, sont elles comme le Big Bang universelles? Non, les croyants ne croient pas spécialement en la science, il préfèrent se dire que c'est un dieu qui a tout fait lui-même.
- La quête de la vérité est –elle universelle? non car tout le monde ne cherche pas la vérité ; d'ailleurs ces personnes là ont une conduite raisonnée, dans la simple et bonne mesure que trouver la vérité, c'est réfléchir pour rien. Ceci est inaccessible pour l'homme.
- Par contre, lorsqu'on est amoureux, ou que l'on éprouve de l'amitié pour quelqu'un, bien que sa manifestation diffère, elle n'en reste pas moins unique.

Maheva n'en demeurait pas agnostique.

Le problème, c'est que Maheva ne se connaissait pas elle-même. N'est-il pas facile de connaître autrui que soi même?

> Réflexion faite, Maheva abasourdie était face à la nature, ses spécificités, ses miracles :
> - La Terre fait vivre des êtres humain, le ventre permet au bébé de naître, les crustacés ont besoin d'eau, de la terre naît l'herbe. Scientifiquement, oui nous le prouvons, mais l'origine de tout cela ? C'est peut-être dans la théorie de Georges qu'elle se trouve.

Dut-elle faire, sur le manichéisme, un article? Dans certaines situations est-il différent de distinguer le bien du mal?

Avons-nous besoin du besoin minimal dans sa tête, se fit t-elle?

Pour être heureux, faut-il ne pas s'attarder sur les souffrances d'autrui? Est-ce un autruicide, ou une préservation instinctive de survie?

Ne faudrait-il mieux pas considérer l'homme au même niveau que l'univers, que comme antithétique, l'interpella t-elle ? La phénoménologie du monisme qui conçoit l'esprit et la matière comme une entité, ou du dualisme qui les distingue.

La mort existe. Ne faut-il pas en avoir peur car, lorsque nous vivons, nous ne soufflerons plus? Lorsque nous vivons, nous n'avons pas à souffrir.

Je pense, dit-elle à Georges, qu'il faut la vie à pleine dents, croquer tout en faisant indubitablement attention aux effets secondaires. Boire de l'alcool avec modération, ce n'est pas un mal mais l'excès entraîne des ulcères...

Recueil de poème a la Monsieur F.

<u>L'esprit vide au cœur rejeté</u>

L'esprit futile, erre solitaire
Dans le désert de l'ambiguïté
A la recherche d'un objet cher
Endommagé
Il aspire à le réparer
Il ne put malgré lui le rafistoler
Suite à de multiples efforts
Il ne put le soigner
Confondu dans le sable
Emietté, déchiré
L'esprit commit l'irréparable
Excédé finissant par le fracasser
L'exploser pour l'abandonner
Pour s'en séparer comme un déchet

Le puzzle, n'était pas aise
Il était compliqué
Les gens des alentours ont persisté
Et ont fini par le réparer

L'ange de la mort

L'ange de la mort est encore passé
Combien d'humains vont encore trépasser
Commun à chaque humain oui faut bien rêvasser
Et aspirer a avoir un plus long passé

Il touche tout le monde
En chacun de nous il gronde
Prêt à nous cueillir
Surtout ceux près à moisir

Il laisse bien des traces
Mais les humains s'en lassent
On est tous sur la liste
Et il est a notre piste

Je ne sais pas ce que je vois
Je ne sais pas si c'est moi
Je ne sais pas si c'est toi

Je ne sais pas ce que je cherche
Mais écoute tu me crois
Quand nous seront ensemble là
Je saurais pourquoi

Si je fais tout cela
Si tu ne le voulais pas
Si tu voulais croire
Tu ne me croirais pas

Quant les mots dépassent la pensée
Quant les pensées dépassent le mot
Comment exprimer tout sentiment
Comment interpréter, le mot des survivants

Que ce chant de la paix, celui de l'espoir
Le chant de l'été par la chaleur brule
Le champ de l'hiver de la gelée noire
Les **engerait** surement rétablissent l'espoir
(que veux-tu dire ?)

Que dire ce fut plus qu'une révélation
Pour moi c'était la solution...
La vérité, pure ou aromatisée,
Voila les œillères tombent,
Les mystifications ne sont plus
Réveil brutal d'un long sommeil,
Je comprends désormais que :

Plus qu'une passion, qu'un acharnement,
Qu'une accoutumance, intensément m'interroge
Le souvenir d'un futur proche dont je fus l'éloge

Construction de l'avenir, qu'il ne faut guère laisser venir
Car c'est au passé qu'appartient l'avenir
Il fait le présent du présent qu'il nous délaisse a présent
Et nous construit notre avenir à travers nos souvenir

D'une réalité à l'autre, nos sens sont alternés
De ce fait, l'individu seul se trouve normé
L'ignorance de chacun des antinomiques cotés
Perpétrera de l'individu seule, un marginalisé

Seul opiniâtreté d'intégration bilatérale
Quant le plus dure est cette démarche collatérale
Accomplira de l'individu seul, l'être normal
Et de la collectivité une diversité non plus bancale

Mais plutôt mondiale

CETTE TENDRE VIOLENCE

SOURCE INCONTROLABLE
ET RESURGENSE INEVITABLE
CETTE TENDRE VIOLENCE
ANIME CE QUE PENSE
CETTE TENDRE VIOLENCE
QUI FAIT PARTIR EN TRANSE

UN BRIN DE LUEUR PERDU
PARMI DES BROUSAILLES SURGRENUES

Te rencontrer, puis succomber

Te rencontrer, te contempler, se rapprocher
Face a ta voix a ta requête j'ai succombé
C'est du frisson, du moins mon impression
Qu'est né

l'amour, mon amour, fusion

Devant ton invitation, celle du déjeuner
Ma volonté encore une fois a succombé
J'ai senti ta douce jambe caresser mes pieds
Moment inoubliable qui en moi est ancré

Te tenir la main, marcher sur le chemin
Sentir ta présence, vivre le destin
Que ce moment perdure et dure
Plu longtemps que le temps qui dure

C'est de ton âme de ton esprit et ton amour
Que je puise ma force et épuise ma tendresse
Tout ton être , aussi bien ton sourira d'amour
Ou ton esprit me reste, quelle joliesse

ve d'un rêve...

es qualités font mes faiblesses
es faiblesses font mes qualités
es qualités sont ma force
onc ma force n'est que faiblesse

 m'obstine a acquérir la sagesse
ulement à quel prix ! la festivité
ci est triste, et je m'efforce
 répandre une joyeuse sagesse

rait-ce la ma faiblesse
e faible sagesse
e folle sagesse
i rend sage tous les fous

Les gouttelettes furent bonheur

évalent en masse
elles éclaboussent
es dans la montagne
ont à nos trousses

ntagne fait leurs grandeurs
e sommes plus à la hauteur
uttelettes quelles horreurs sont devenues torrent

uttelettes, les mignonnettes
ourtant de gentilles personnes nettes
 torrent est une tempête
gentil vient le méchant

uttelettes de bonheur
rdu leurs splendeurs
ssissent la chaleur
ent en vapeur

uttelettes furent bonheur
nt qu'un motif la peur
ent que fait par
a innocent avant l'heure

ent se comportement autodestructeur

superstition superpuissante

<u>je n'y croyais pas</u>
<u>ne l'imaginais même pas</u>
<u>mais c'est arrivé</u>
<u>laissez moi vous raconter</u>

je suis passé sous une échelle
et j'ai reçu une poubelle
sur ma tète abasourdie
cela m'a causé d'autres soucis

comme j'allais au travail
et que je sentais le bétail
mon patron m'a fait comprendre
que j'étais plus bon a prendre

<u>je ne le concevais pas</u>
<u>mais elle existe réellement</u>
<u>alors prenez garde a cela</u>
<u>elle vous attend au tournant</u>

les superstitions superpuissantes
entrent dans mon antre et me hantent
je ne puis m'en débarrasser
elle ne font que m'harasser
vos questions ceci est ma réponse

J'ai des questions à vos réponses
Et des questions à vos questions
Mais je n'ai pas de réponses à vos questions

A vos questions ceci est ma réponse
elle est claire et nette, très précise

Quand les interrogations
Partent dans les flots
Reste l'excitation
De la paix du repos

Sans réflexion plus profonde on se laisse aller
Sous l'extase d'une musique follement
ensoleillée
On part dans un voyage pour se faire dorer
La fraction de seconde continue de s'éterniser

La vérité

le vrai le juste
le faux l'injuste
qui se confondent
et se morfondent

*la vérité que j'ai cherchée
et personnellement trouvée
tout est partout et pour tout
agréable dirait un hibou*

comment savoir
dans un grimoire
ce qu'il peut y avoir
comment savoir

à chacun sa vérité
en recherchant pour la trouver
c'est l'universalité
de la singularité

La dance de l'abeille

Comme une abeille orchidée
Je produis pour attirer
Un parfum à inhaler
Les abeilles hiérarchisées

Le fleur au cœur danse
Que déguisent les abeille
Illustre que la nature
A des **ciotter** non humaine   ?

C'est par la danse
Que l'on comprend
Les mouvements denses
Qui mettent en t**anise**   ?

Notre expérience
Se donne par nos danses
Et quand aux fourmis
J'en rigole et souris

Aussi organisé, que désorganisé
Hommage à votre reine, la fée
Honneur à vous, il faut partager

Je suis un schizophrène
Le délire me freine
Et Je suis sans gène
Et cela sans peine

J'ai plein de délire
Et c'est pas le pire
C'est une satire
De Satan le vampire

profiter de l'instant présent

il faut se poser, la c'est bon
ne pas se poser de questions
et poser ces suggestions
car c'est abscons

vive les petit contretemps
et les imprévus du temps
il s permettent de mettre du piment
dans nos vie et nos mouvements

Une sorte de dignité

En avant pour la lutte
Contre l'oppression
Contre les pressions
Les manipulations

Il faut que ça sorte
D'une manière, de sorte
Qu'il ne recommence
plus l'erreur que je pense

il yen a marre des magouille
encore plus marre des fouilles
comment faire pour retrouver
enfin une sorte de dignité

Pour le moins pire

Le chao économique
Le chao psychologique
La troisième guerre
Mondiale reste guerre

La mondialisation de la guerre
Qui tue tout le monde

C'est une guerre économique
Où il faut être un bon capitaliste
Pour sortir du déficit socialiste
Il nous dise pourrant no panic

Voter pour le meilleur
Revient à voter
Pour le moins pire
Le meilleur du pire

L'île du paradis vert

On part sur un radeau
On quitte nos fardeaux
Pour s'abandonner à l'eau
Et on toue delà beau ?

On en a pour toute la journée
A se faire bronzer
On l'attend impatiemment
Tout le monde chante

L'île du paradis vert
Nous fait tourner la tète
On regarde tous vers
L'endroit casse-tête

L'amour lunaire

Que la nuit est belle
Quand naît des étincelle
Cette splendide lune
Il y en a qu'une

Quand on se promène
Ensemble et qu'elle brille
Je dit que c'est elle qui nous mène
Pour ne pas partir en vrille

Quand nos âme se rencontre
Au variation du soleil de la lune
Lest l'amour lunaire contre
La puissance du soleil à la une

La mère et le ciel

La mer s'exprime
Par le reflet
Dans le reflet
De la mère

La mer aime tant le ciel
Que le ciel l'aime

Quand la FEE VERT ARRIVE !

La fb est toujours là pour sauver les âmes en peines
La fv est toujours là pour les soirées mondaines
La fb au fond de moi coule dans mes veines
La fée verte s'arrête comme ça et d'ailleurs elle m'entraîne

Mlle Vodu ska et verte fée animent la soirée
Mlle Vod ska et verte fée : l'ambiance est assurée

Le Prince Vert qui boit un verre ver vers al fée verte c'est moi
Le prince vert de la fée verte et ou c'est encore moi

je deviens tous vers quant la voit
On devient tous vers quant la boit
Vod ska ! vod ska !
Oui ski ! fée verte !

Refrain
Quand fée la verte arrive tout le monde cri vive la fée vive la fée
Youpi ! youp la ! voilà la fée verte !

Tous les soirs je rêve d'elle
Elle est celle qui m'ensorcelle
Accros de cette demoiselle
Qui de mes pensées ruisselles

Idéologiser le concept
Ce dont je vous parle est la paix
Il faut que l'on l'intercepte
Et ce jour là vous ne serez prêt

Peut-être faut-il bannir les militaires
Pour enfin supprimer la guerre
Elle date du père de notre père
Il faut arrêter de parler de patrie mère

Il ne faudrait sûrement pas confier
La guerre aux militaires
Car ils ne font qu'envenimer
Et ils n'ont pas les pieds sur terre

Commencer est entreprise certes facile
Mais l'arrêter est le plus difficile
Avant tout était tranquille
Et tout à flancher c'est débile

De l'amour comme la guerre
On en fait chanson ou prière
On en pleure souvent également
Cela fend le cœur c'est navrant

La guerre déshonore l'homme
Une dispute et c'est tout comme
La bassesse d'esprit fait-il de lui
Un homme d'esprit

Tous les généraux morts au combat

Ont probablement fait ce qu'il ne fallait pas
Erreur de jugement ou je ne sais quoi
On y pourrait quelque chose mais c'est comme cela

<u>Vous pouvez m'écrire vos impressions à l'adresse :</u> antoinef@netcourrier.com

Mon site :

http://philo-fantastique-policier.jimdo.com/

Autres livres

Mademoiselle pipi

La famille l'étron

L'enquêteur du roi

La stratégie de drague de Sophie

La philosophie de l'assassin

Un homme dites vous n'est pas donc cela ?

Le revers d'un profiler

John mène l'enquête

Reportage d'un psychopathe

Fou d'insecte

Guiaumtel et le chocolat

Les retrouvailles de Lyam et Liam

Les réflexions de Maheva

Une autre vision de la poésie 1, 2, 3

Psychologie de la séduction et de l'enfant

Pour le plaisir de la langue

© 2010 Antoine Fournaise,
Edition : Books on Demand GmbH, 12/14, rond-point
des Champs Elysées, 75008 Paris, France
Imprimé par : Books on Demand GmbH, Norderstedt, Allemagne
ISBN 978-2-8106-0342-8
Dépôt légal : juin 2010